런런 속스피드 수학

7권

도형과 측정 ②

나는 헤드론이야.

안녕! 나는 옥토야.

차 례

 동그라미 하기

 색칠하기

 수 세기

 그리기

 스티커 붙이기

 선 잇기

 놀이하기

 읽기

 연필로 따라 쓰기

 쓰기

평면도형

 각 이름에 알맞은 도형을 찾아 선으로 이으세요.

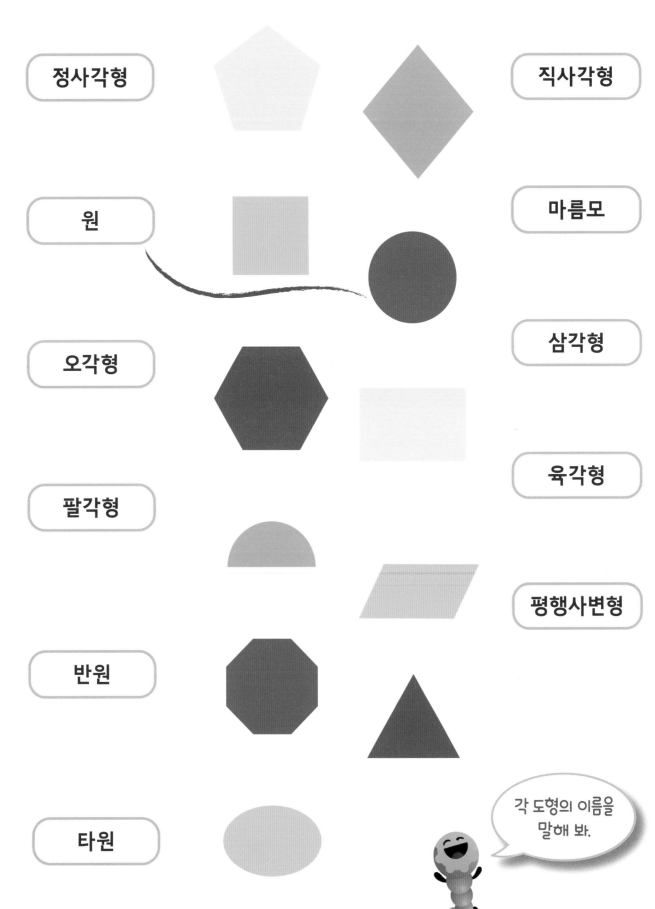

정사각형

직사각형

원

마름모

삼각형

오각형

육각형

팔각형

평행사변형

반원

타원

각 도형의 이름을
말해 봐.

각 이름에 알맞은 도형을
그리세요.

도형을 그릴 때
자 또는 가장자리가
곧은 물건을 사용해.

정사각형

삼각형

평행사변형

직사각형

 빈칸에 알맞은 도형의 이름을 쓰세요.

원

잘했어!

칭찬 스티커를
붙이세요.

 다른 하나를 찾아 ◯표 하세요.

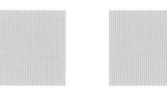

3

문제를 다 푼 다음, 32쪽으로!

평면도형 비교하기

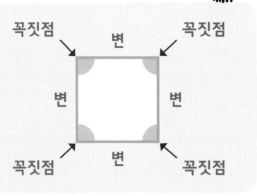

사각형은 변이 4개, 꼭짓점이 4개 있어요.

평면도형의 변과 꼭짓점의 수를 세어 봐.

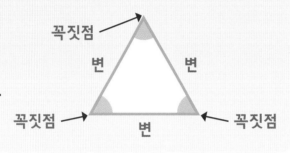

삼각형은 변이 3개, 꼭짓점이 3개 있어요.

원은 변과 꼭짓점이 없어요.

각 도형의 변의 수를 세어 ◯ 안에 쓰세요.

 5

각 도형의 꼭짓점의 수를 세어 ◯ 안에 쓰세요.

 4

빈칸에 알맞은 도형의 이름을 쓰세요.

나는 변이 3개, 꼭짓점이 3개예요.
나는 무엇일까요?

나는 변이 4개이고,
꼭짓점이 4개예요. 나는 무엇일까요?

나는 원을 반으로 자른 도형이에요.
곧은 선이 1개, 굽은 선이 1개예요.
나는 무엇일까요?

 다음의 도형들은 모두 대칭이에요. 가운데 직선을 기준으로 양쪽의
모양과 크기가 똑같아요. 점선을 따라 그리세요.

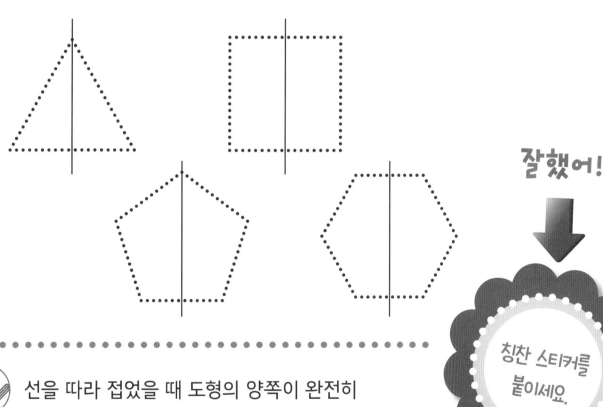

 선을 따라 접었을 때 도형의 양쪽이 완전히
겹쳐지도록 대칭선을 그리세요.

문제를 다 푼 다음, 32쪽으로!

입체도형

구는 빨간색으로, 정육면체는 파란색으로,
원뿔은 주황색으로 칠하세요.

입체도형은 평평하지 않아.

구
정육면체
원뿔

도형을 보고 알맞은 이름에 ◯표 하세요.

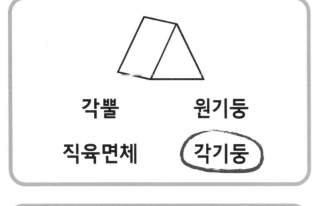

각뿔   원기둥

직육면체   (각기둥)

구   반구

정육면체   원뿔

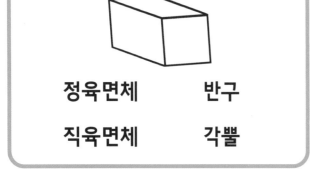

정육면체   반구

직육면체   각뿔

각뿔   원기둥

원뿔   반구

원기둥	원뿔	구	각기둥

 각각 알맞은 도형 스티커를 붙이세요.

평면도형	입체도형

 입체도형 놀이

집에서 다양한 입체도형 모양을 찾아보세요.

축구공, 벽돌, 주사위는 각각 어떤 입체도형 모양인가요?

연필, 지우개, 풀은 각각 어떤 입체도형 모양인가요?

통조림 캔, 오렌지, 우유갑은 각각 어떤 입체도형 모양인가요?

잘했어!

칭찬 스티커를 붙이세요.

문제를 다 푼 다음, 32쪽으로!

입체도형 비교하기

입체도형은 꼭짓점, 모서리, 면이 있어요.

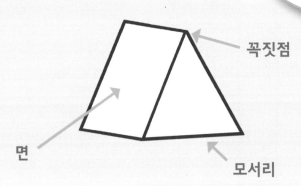

꼭짓점

면

모서리

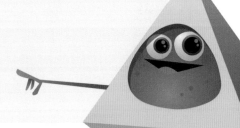

삼각기둥은 면이 5개야.
3개의 면은 직사각형이고,
2개의 면은 삼각형이야.

 각 입체도형의 색칠된 면이 어떤 모양인지 알맞은
이름 스티커를 붙이세요.

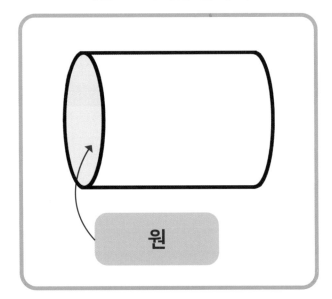

원

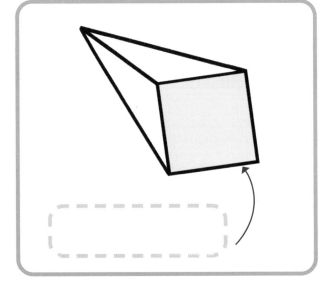

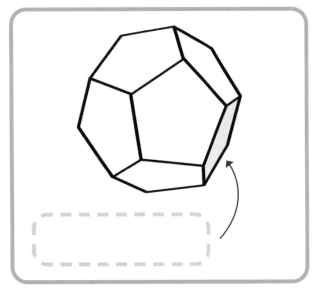

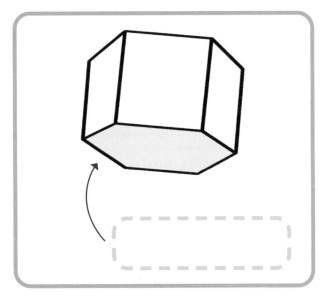

각 도형의 꼭짓점의 수를 세어 ☐ 안에 쓰세요.

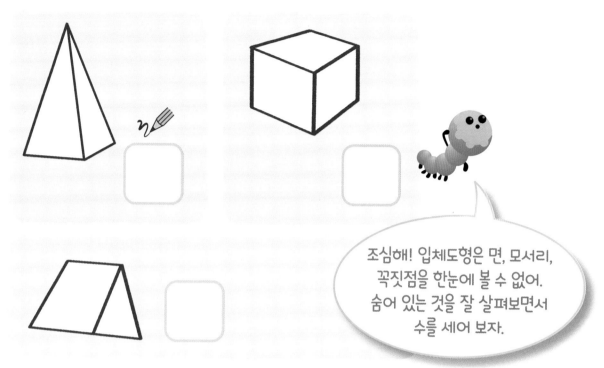

조심해! 입체도형은 면, 모서리, 꼭짓점을 한눈에 볼 수 없어. 숨어 있는 것을 잘 살펴보면서 수를 세어 보자.

 모서리의 수가 같은 도형끼리 선으로 이으세요.

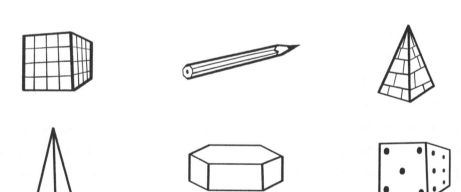

 질문에 알맞은 답을 쓰세요.

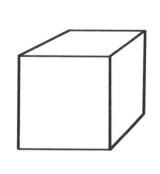

면은 모두 몇 개인가요? ☐

모서리는 모두 몇 개인가요? ☐

꼭짓점은 모두 몇 개인가요? ☐

칭찬 스티커를 붙이세요.

9

문제를 다 푼 다음, 32쪽으로!

규칙과 순서

 규칙을 찾아 빈칸에 알맞은
도형을 그리세요.

삼각형, 정사각형,
원 순서로 놓여 있어.
다음 차례는 무얼까?

 3가지 모양의 도형 스티커로 규칙을 만들어 보세요.
그 규칙에 맞게 반복해서 도형 스티커를 붙이세요.

규칙에 맞게 빈 곳에 알맞은 도형 스티커를 붙이세요.

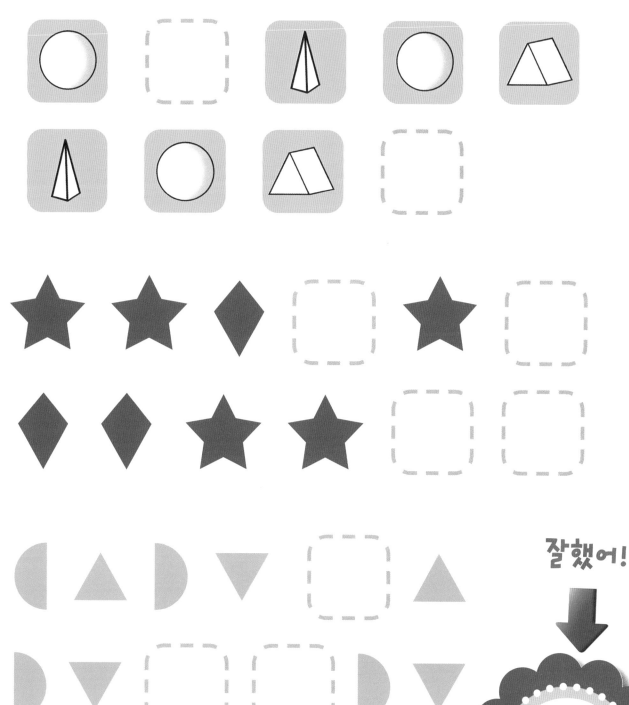

 규칙 만들기 놀이

과자나 장난감 등을 이용해 나만의 규칙을 만들어 보세요.
예를 들면 모양이 다른 과자로 규칙을 만들어 보거나 단추와 구슬로 규칙을
만들어 보는 거예요. 또는 종이에 색칠을 하여 규칙을 만들어 보세요.

잘했어!

칭찬 스티커를
붙이세요.

문제를 다 푼 다음, 32쪽으로!

도형 돌리기

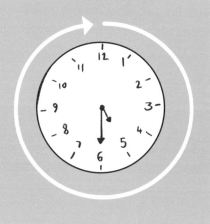
시계 방향

시계 반대 방향

돌리는 정도를
달리할 수 있어.

사물을 시계 방향 또는 시계 반대 방향으로 돌릴 수 있어요.

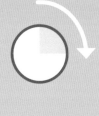
시계 방향으로
$\frac{1}{4}$ 바퀴 돌리기

시계 반대 방향으로
반 바퀴 돌리기

시계 방향으로
$\frac{3}{4}$ 바퀴 돌리기

시계 반대 방향으로
한 바퀴 돌리기

 알맞은 것끼리 선으로 이으세요.

시계 방향으로
$\frac{3}{4}$ 바퀴 돌리기

시계 반대 방향으로
반 바퀴 돌리기

시계 방향으로
한 바퀴 돌리기

시계 방향으로
$\frac{1}{4}$ 바퀴 돌리기

도형을 어떻게 돌렸는지 바르게 나타낸 것을 찾아 ☐ 안을 색칠하세요.

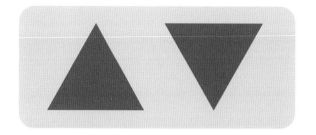

$\frac{1}{4}$ 바퀴 돌리기 ☐

반 바퀴 돌리기 ☐

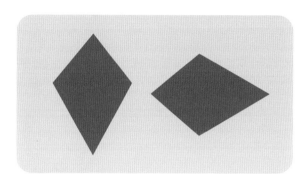

시계 반대 방향으로 $\frac{1}{4}$ 바퀴 돌리기 ☐

시계 방향으로 $\frac{1}{4}$ 바퀴 돌리기 ☐

 표시된 방향으로 화살표를 돌린 후의 모양을 ☐ 안에 그리세요.

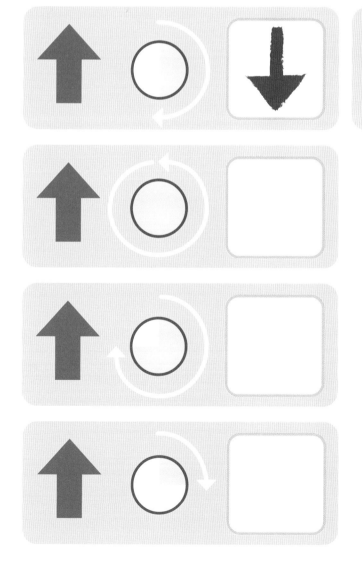

잘했어!

칭찬 스티커를
붙이세요.

문제를 다 푼 다음, 32쪽으로!

위치 이동하기

 친구가 오두막에 갈 수 있도록 ▨▨▨ 안의 명령을 따라
줄을 그으세요.

1. 앞으로 **2**칸 가세요.
2. 오른쪽으로 돌아서 앞으로 **3**칸 가세요.
3. 왼쪽으로 돌아서 앞으로 **4**칸 가세요.
4. 왼쪽으로 돌아서 앞으로 **3**칸 가세요.
5. 오른쪽으로 돌아서 앞으로 **1**칸 가세요.

앞, 뒤, 왼쪽, 오른쪽으로만
움직일 수 있어.

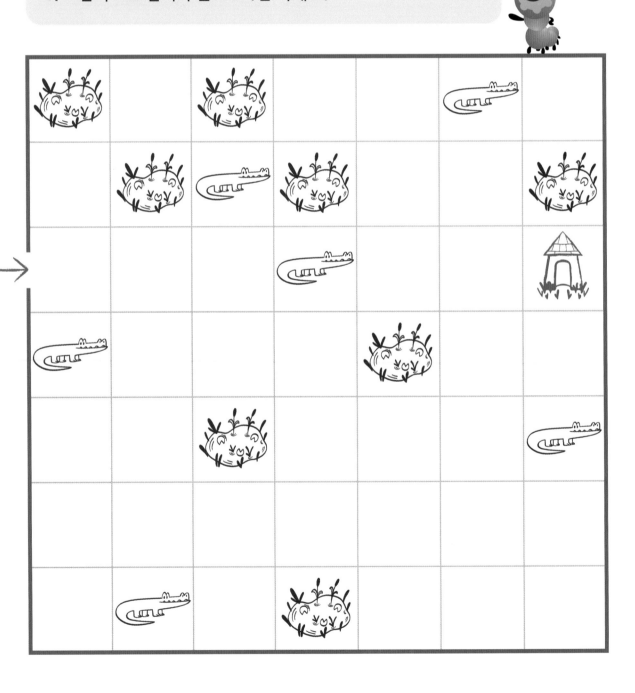

로봇의 경로에 맞도록 알맞은 명령을 찾아 ◯ 안을 색칠하세요.

네가 로봇을 조종하고 있다고 상상해 봐.

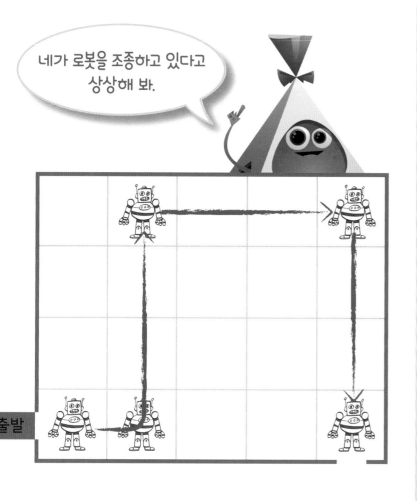

출발

1. 앞으로 **4**칸 가세요.

   왼쪽으로 돌아요.

   앞으로 **3**칸 가세요.

   오른쪽으로 돌아요.

   앞으로 **2**칸 가세요. ◻

2. 앞으로 **1**칸 가세요.

   왼쪽으로 돌아요.

   앞으로 **3**칸 가세요.

   오른쪽으로 돌아요.

   앞으로 **3**칸 가세요.

   오른쪽으로 돌아요.

   앞으로 **3**칸 가세요. ◻

3. 앞으로 **2**칸 가세요.

   앞으로 **4**칸 가세요.

   앞으로 **4**칸 가세요.

   앞으로 **4**칸 가세요. ◻

 로봇의 경로에 맞도록 알맞은 명령문 스티커를 찾아 순서대로 붙이세요.

1.

2.

3.

4.

5.

출발

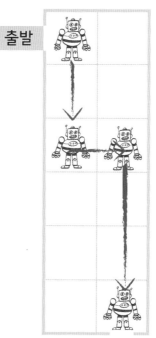

칭찬 스티커를 붙이세요.

문제를 다 푼 다음, 32쪽으로!

길이 재기

0 1cm   0 10mm

작은 물건은 센티미터와 밀리미터로 잴 수 있어.

 개구리가 얼마나 멀리 뛰었는지 ⬭ 안에 알맞은 수를 쓰세요.

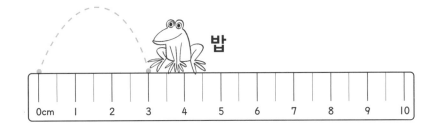
밥

cm

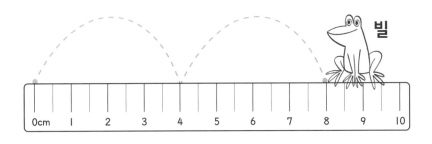
빌

cm

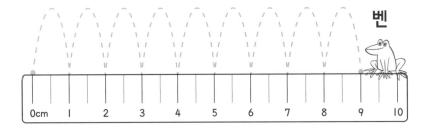
벤

cm

 위 그림을 보고, 알맞은 낱말에 ◯표 하세요.

벤이 (**가장 멀리, 가장 가까이**) 뛰었어요.

빌이 한 번 뛸 때 (**가장 멀리, 가장 가까이**) 뛰었어요.

밥이 (**가장 적은, 가장 많은**) 수의 뜀뛰기를 했어요.

각 물건의 길이를 ⬭ 안에 쓰세요.

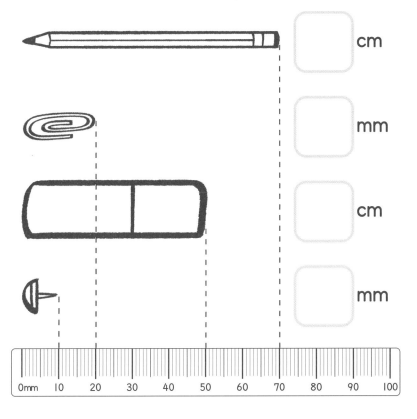

☐ cm

☐ mm

☐ cm

☐ mm

센티미터는 cm로 쓰고,
밀리미터는 mm로 써.

각각의 길이에 가장 가까운 센티미터를 ⬭ 안에 쓰세요.

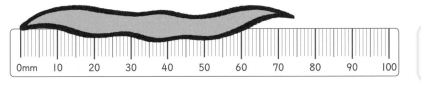

☐ cm

☐ cm

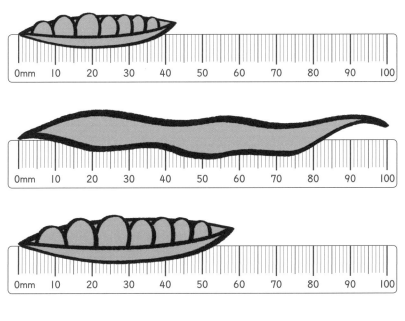

☐ cm

☐ cm

칭찬 스티커를
붙이세요.

17

문제를 다 푼 다음, 32쪽으로!

길이 비교하기

 각 괴물의 키를 ☐ 안에 쓰세요.

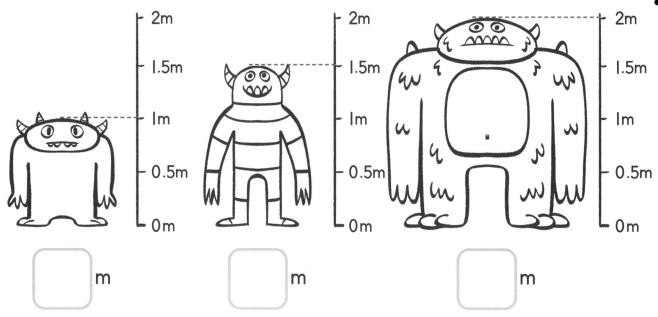

☐ m   ☐ m   ☐ m

키가 가장 큰 아이에게 ◯표 하세요.

1m 5cm   1m 15cm   1m 10cm   1m 25cm   1m 20cm

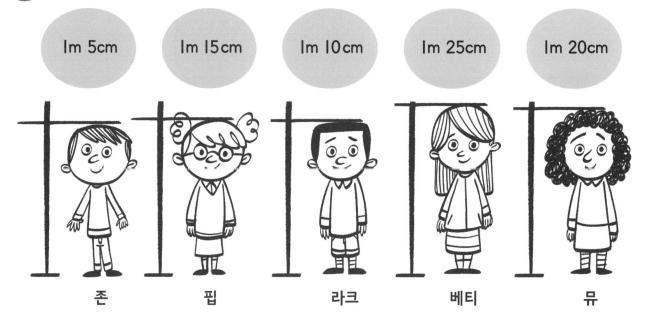

존   핍   라크   베티   뮤

 빈 곳에 '키가 더 크다' 또는 '키가 더 작다'를 써서 문장을 완성하세요.

핍은 존보다 _____.   뮤는 핍보다 _____.

존은 베티보다 _____.   라크는 존보다 _____.

빈 곳에 알맞은 단위를 쓰세요.

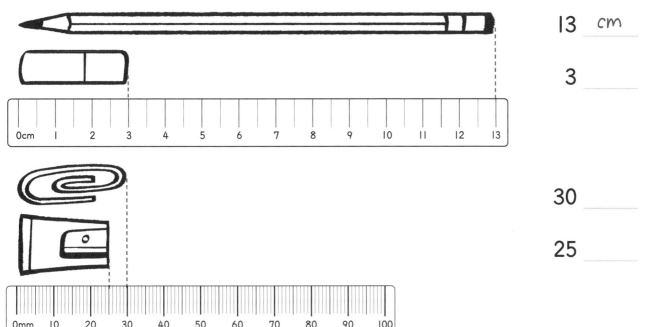

13 <u>cm</u>

3 _____

30 _____

25 _____

 애벌레의 길이를 재요. 각 애벌레 길이의 절반만큼 선을 그으세요.

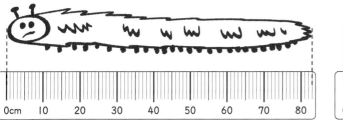 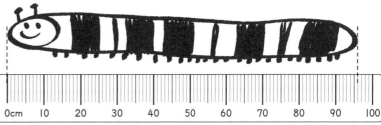

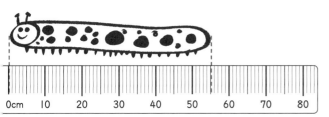 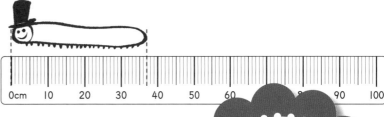

 길이 재기 놀이

자를 사용하여 필통에 있는 물건들의 길이를 재어 보세요.
만약 자가 없으면 책 33쪽에 있는 자를 오려서 사용할 수 있어요.

종이에 발을 대고 가장자리를 따라 그려 보세요. 발의 길이가 얼마인지
재어 보세요.

칭찬 스티커를
붙이세요.

문제를 다 푼 다음, 32쪽으로!

무게 재기

 각 물건의 무게를 ☐ 안에 쓰세요.

무게의 단위인
g 또는 kg도 적어야 해.

각 동물의 무게로 알맞은 것에 ◯표 하세요.

나비

5kg

5g

무거운 것은 킬로그램(kg)으로 재.

태어난 지 3일 된 고양이

500kg

500g

1킬로그램 = 1000그램.

개

5kg

5g

 빈 곳에 '무겁다' 또는 '가볍다'를 써서 문장을 완성하세요.

개는 나비보다 더 _____.

개는 아기 고양이보다 더 _____.

나비는 아기 고양이보다 더 _____.

칭찬 스티커를 붙이세요.

문제를 다 푼 다음, 32쪽으로!

무게 비교하기

>는 '~보다 큰 것'을,
<는 '~보다 작은 것'을 의미해.

 ☐ 안에 <, > 또는 =를 쓰세요.

오른쪽 저울의 빈 눈금 면에 바늘을 알맞게 그리세요.

★★ 알맞은 무게를 나타내는 저울에 ◯표 하세요.

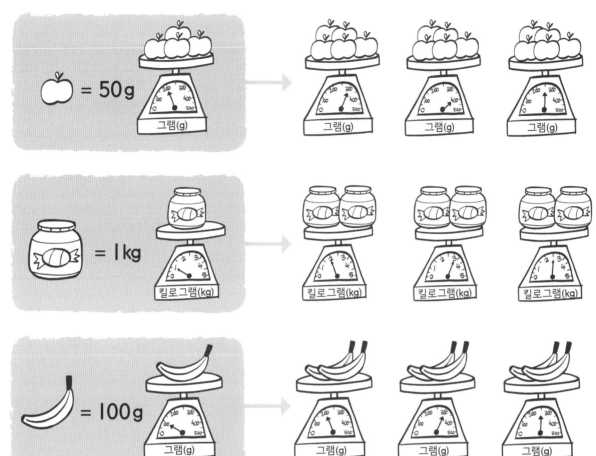

· ·

 빈 곳에 알맞은 과일의 이름을 써서 문장을 완성하세요.

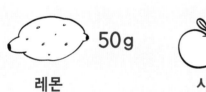

레몬 50g 　　 사과 100g 　　 오렌지 200g

사과의 무게는 ＿＿＿＿ 무게의 절반이에요.

오렌지는 ＿＿＿＿ 보다 2배 더 무거워요.

레몬의 무게는 ＿＿＿＿ 무게의 절반이에요.

칭찬 스티커를 붙이세요.

문제를 다 푼 다음, 32쪽으로!

들이 재기

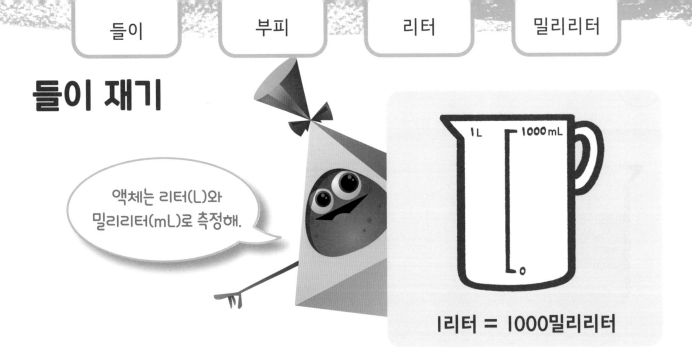

액체는 리터(L)와 밀리리터(mL)로 측정해.

| 리터 = 1000밀리리터

각 컵에 담긴 물의 양을 ⬭ 안에 쓰세요.

⬭ mL   ⬭ mL   ⬭ mL   ⬭ mL

각 양에 맞게 액체를 색칠하세요.

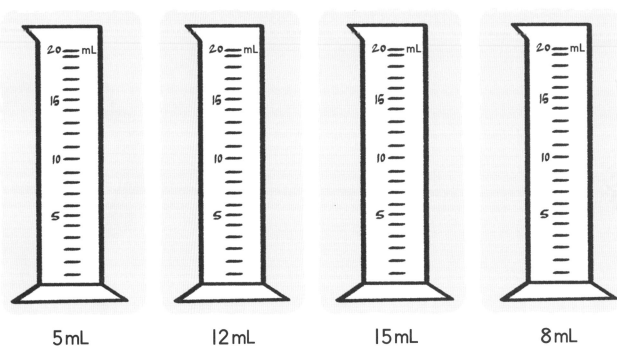

5 mL   12 mL   15 mL   8 mL

각 컵의 물과 같은 양의 액체를 담을 수 있는 병을 찾아 선으로 이으세요.

 ## 들이 재기 놀이

물감을 푼 물을 모양이 다른 유리잔에 담아 들이를 비교해 보세요.

두 계량컵에 쌀과 콩을 각각 200g씩 담아서 비교해 보세요.
쌀 200g은 계량컵에 얼마만큼 차나요? 콩은 계량컵에 얼마만큼 차나요?

칭찬 스티커를
붙이세요.

문제를 다 푼 다음, 32쪽으로!

들이 비교하기

 계량스푼으로 뜬 액체의 양과 같은 양의 물이
들어 있는 그릇을 찾아 선으로 이으세요.

주전자, 비커,
국자, 스푼을 사용하여
들이를 측정할 수 있어.

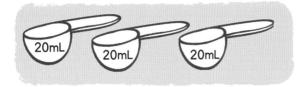

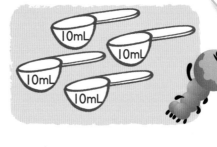

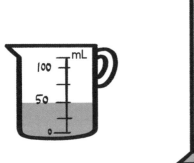

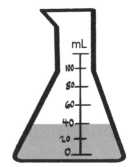

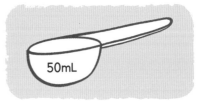

 ☐ 안에 <, > 또는 =를 쓰세요.

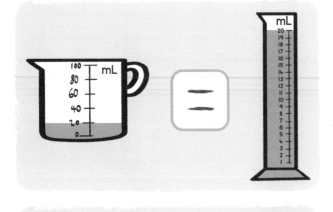

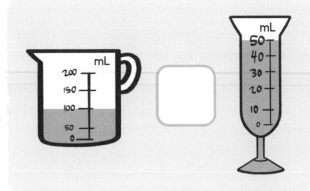

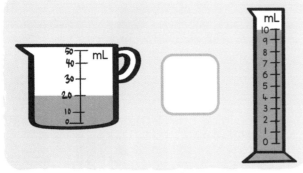

각각의 단위로 알맞은 것을 골라 ◯표 하세요.

	무게	(kg)	g	mL	cm
	들이	mL	cm	m	g
	길이	kg	g	m	mL
	무게	cm	kg	g	m
	들이	mL	kg	g	L
	길이	m	kg	L	cm

 빈 곳에 알맞은 말을 써서 문장을 완성하세요.

길다	많다	무겁다

양동이는 유리잔보다 담을 수 있는 물의 양이 더

_____.

코끼리는 곰 인형보다 무게가 더 _____.

뱀은 애벌레보다 몸길이가 더 _____.

칭찬 스티커를
붙이세요.

문제를 다 푼 다음, 32쪽으로!

온도 재기

각 온도계가 나타내는 온도를 ☐ 안에 쓰세요.

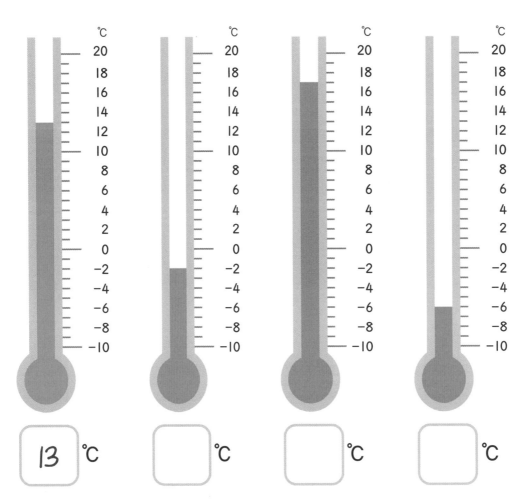

| 13 ℃ | ☐ ℃ | ☐ ℃ | ☐ ℃ |

각 온도에 맞게 온도계를 색칠하세요.

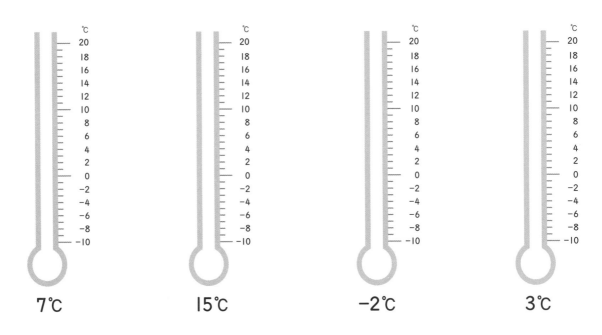

7℃   15℃   −2℃   3℃

그림에 알맞은 온도를 찾아 선으로 이으세요.

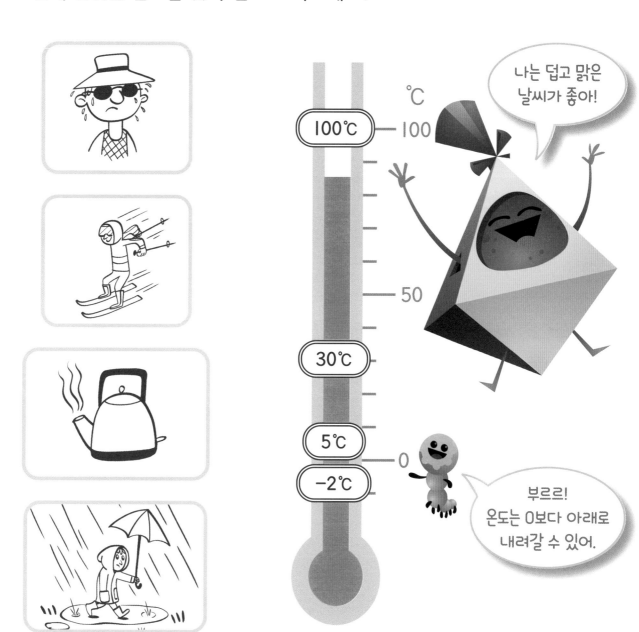

나는 덥고 맑은 날씨가 좋아!

부르르! 온도는 0보다 아래로 내려갈 수 있어.

 ## 온도 재기 놀이

집 안이나 바깥의 온도가 얼마인지 알아보세요. 자동차의 온도계나 보일러의 온도 조절기를 보면 현재의 온도를 알 수 있어요. 또는 내가 사는 지역의 일기 예보를 보고도 알 수 있어요.

아이스크림이나 우유, 음료수 등의 온도에 대해 이야기해 보세요.

체온계로 체온을 재어 보세요. 그리고 체온이 얼마인지 말해 보세요.

칭찬 스티커를 붙이세요.

문제를 다 푼 다음, 32쪽으로!

도형 복습하기

원   타원   반원

이 도형들을 기억할 수 있어?

삼각형   정사각형   직사각형

마름모   평행사변형   오각형   육각형   팔각형

반구   구   원기둥

원뿔   정육면체

직육면체   삼각기둥   각뿔

용어 확인하기

 다음 용어를 읽고, 각각 어떤 뜻인지 말해 보세요.

 아는 용어에 ◯표 하세요.

대칭	☐	그램	☐
모서리	☐	킬로그램	☐
꼭짓점	☐	들이	☐
미터	☐	리터	☐
길이	☐	밀리리터	☐
높이	☐	변	☐
센티미터	☐	면	☐
밀리미터	☐	질량	☐
무게	☐	부피	☐

 무게 재기 놀이

집에 있는 물건들의 무게를 재어 표로 만들어 보세요.

종류	무게 (그램 또는 킬로그램)
내 신발	
내 필통	
내 책	
내 책가방	

g 또는 kg 단위도 같이 적어야 하는 것을 잊지 마!

칭찬 스티커를 붙이세요.

문제를 다 푼 다음, 32쪽으로!

나의 실력 점검표

 얼굴에 색칠하세요.

☺ 잘할 수 있어요.
☺ 할 수 있지만 연습이 더 필요해요.
☹ 아직은 어려워요.

쪽	나의 실력은?	스스로 점검해요!		
2~3	평면도형의 이름을 말할 수 있어요.	☺	☺	☹
4~5	변과 꼭짓점, 대칭에 대해 말할 수 있어요.	☺	☺	☹
6~7	입체도형의 이름을 말할 수 있어요.	☺	☺	☹
8~9	면, 꼭짓점, 모서리에 대해 말할 수 있어요.	☺	☺	☹
10~11	규칙과 순서에 맞게 배열할 수 있어요.	☺	☺	☹
12~13	도형 돌리기를 설명할 수 있어요.	☺	☺	☹
14~15	명령에 따라 위치를 이동할 수 있어요.	☺	☺	☹
16~17	길이를 잴 수 있어요.	☺	☺	☹
18~19	길이를 비교할 수 있어요.	☺	☺	☹
20~21	무게를 잴 수 있어요.	☺	☺	☹
22~23	무게를 비교할 수 있어요.	☺	☺	☹
24~25	들이를 잴 수 있어요.	☺	☺	☹
26~27	들이를 비교할 수 있어요.	☺	☺	☹
28~29	온도를 잴 수 있어요.	☺	☺	☹
30	평면도형과 입체도형을 기억할 수 있어요.	☺	☺	☹
31	다양한 수학 용어를 바르게 사용할 수 있어요.	☺	☺	☹

나와 함께 한 공부 어땠어?

정답

2~3쪽
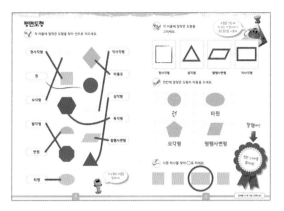

4~5쪽
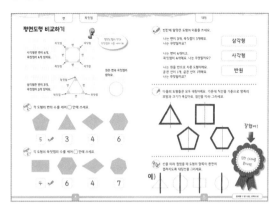

6~7쪽
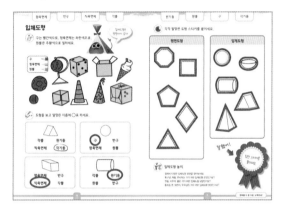

8~9쪽
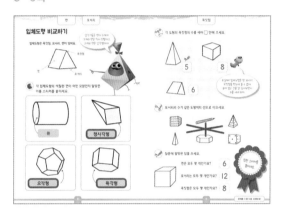

10~11쪽
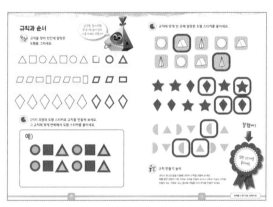

* 아이마다 규칙이 다를 수 있습니다.

12~13쪽
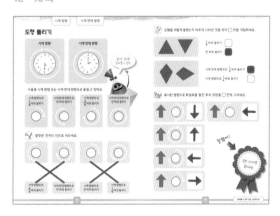

14~15쪽
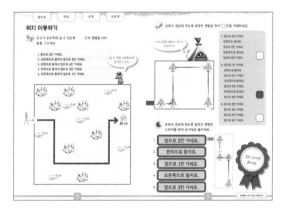

16~17쪽
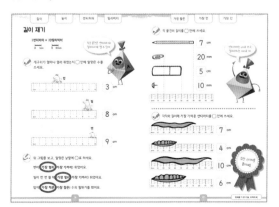

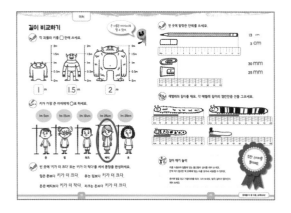

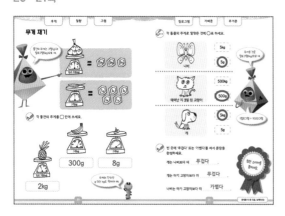

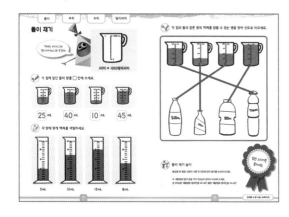

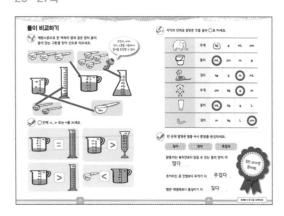

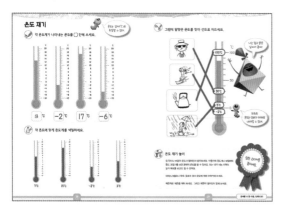

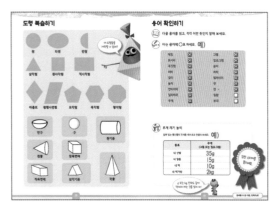

런런 옥스퍼드 수학

3-7 도형과 측정 ②

초판 1쇄 발행 2022년 12월 6일 **초판 3쇄 발행** 2024년 1월 29일
글·그림 옥스퍼드 대학교 출판부 **옮김** 상상오름
발행인 이봉주 **편집장** 안경숙 **편집 관리** 윤정원 **편집 및 디자인** 상상오름
마케팅 정지운, 박현아, 원숙영, 신희용, 김지윤, 황지영 **국제업무** 장민경, 오지나 **제작** 신홍섭
펴낸곳 (주)웅진씽크빅
주소 경기도 파주시 회동길 20 (우)10881
문의전화 031)956-7403(편집), 031)956-7069, 7569, 7570(마케팅)
홈페이지 www.wjjunior.co.kr **블로그** blog.naver.com/wj_junior **페이스북** facebook.com/wjbook
트위터 @new_wjjr **인스타그램** @woongjin_junior
출판신고 1980년 3월 29일 제406-2007-00046호
원제 PROGRESS WITH OXFORD: MATH
한국어판 출판권 ⓒ(주)웅진씽크빅, 2022 **제조국** 대한민국

『Shapes and Measuring』 was originally published in English in 2018.
This translation is published by arrangement with Oxford University Press.
Woongjin Think Big Co., LTD is solely responsible for this translation from the original work and
Oxford University Press shall have no liability for any errors, omissions or inaccuracies or ambiguities
in such translation or for any losses caused by reliance thereon.

Korean translation copyright ⓒ2022 by Woongjin Think Big Co., LTD
Korean translation rights arranged with Oxford University Press through EYA(Eric Yang Agency).

ISBN 978-89-01-26529-2
ISBN 978-89-01-26510-0 (세트)

잘못 만들어진 책은 바꾸어 드립니다.
주의 1. 책 모서리가 날카로워 다칠 수 있으니 사람을 향해 던지거나 떨어뜨리지 마십시오.
    2. 보관 시 직사광선이나 습기 찬 곳은 피해 주십시오.